品酒派对

How to Host a Wine Tasting Party

（美）丹·阿麦都兹　著
Dan Amatuzzi

杨欣露　译

U0254488

东南大学出版社
·南京·

图书在版编目（CIP）数据

品酒派对 /（美）丹·阿麦都兹（Amatuzzi, D.）著；杨欣露译 . — 南京：东南大学出版社，2015.7
书名原文：How to host a wine tasting party
ISBN 978-7-5641-5884-2

Ⅰ . ①品… Ⅱ . ①阿… ②杨… Ⅲ . ①葡萄酒 – 品鉴 Ⅳ . ① TS262.6

中国版本图书馆 CIP 数据核字（2015）第 143976 号

江苏省版权局著作权合同登记
图字10-2015-128号

Copyright ©2014 by The Book Shop, Ltd.
中文简体字版 ©东南大学出版社

品酒派对

出版发行：东南大学出版社
社　　址：南京市四牌楼2号　邮编：210096
出 版 人：江建中
责任编辑：朱震霞
网　　址：http://www.seupress.com
电子邮箱：press@seupress.com
经　　销：全国各地新华书店
印　　刷：上海利丰雅高印刷有限公司
开　　本：889mm×1194mm　1/24
印　　张：3.5
字　　数：80 千字
版　　次：2015 年 7 月第 1 版
印　　次：2015 年 7 月第 1 次印刷
书　　号：ISNB 978-7-5641-5884-2
定　　价：38.00 元

本社图书若有印装质量问题，请直接与营销部联系。电话：025-83791830

目录

前　言

　　在关于葡萄酒的记忆中，我们通常并不会只记得葡萄酒本身；更多的时候，我们反而会对其他一些细节印象深刻，比如我们喝酒的场合，或是在场的其他人，又或是庆祝活动的内容。组织一场葡萄酒品鉴会也许是一件令人望而却步的艰巨任务，不过，只要遵循一些简单的指导方针，就可以举办一个很棒的品酒派对，给亲朋好友们留下难忘的记忆。本书中的建议能够帮助我们为品酒派对准备好所有需要的材料；但是，让客人们在品酒派对上玩得开心，并能不断品尝到新的葡萄酒，则是最需要组织者牢记于心的。这样的话，你很快就能像一位专家一样组织品酒派对了。

　　要想举办一场成功的品酒派对，不仅仅需要积极的精神状态，还需要合适的工具，本书将对这些工具一一罗列和介绍。书中所附的葡萄酒气味轮将帮助你和宾客们分辨出葡萄酒中的不同香气，而奶酪轮则是用来指导你用各种各样的奶酪配上不同类型的葡萄酒；此外，品酒记录本是用来记录你对所尝葡萄酒的印象和感觉的。

从零开始

在你开始组织一场品酒会，品尝各式葡萄酒之前，有一些关于葡萄酒的基础知识是每一位行家都应该知道的。

什么是葡萄酒？从葡萄酒最基本的形式上来看，它只不过是发酵过的葡萄汁。葡萄酒酿造师在破碎的葡萄浆果中加入酵母，随后果汁中的糖分转化为酒精。不同的酿造方式会改变葡萄酒的特点，比如葡萄破碎过程中果皮的浸渍时间，橡木桶陈化年份，以及不同葡萄品种的混合：不同的葡萄品种会给葡萄酒带来不同的气味和口感。毫无疑问，在葡萄酒的世界里，有许多东西等着我们去发现。

葡萄酒大致分为六种，每一种在生产方式上都有着微妙的差别。

白葡萄酒：由破碎的葡萄浆果，经过皮汁分离、果汁去皮发酵而成。

红葡萄酒：由破碎的葡萄浆果皮汁混合浸渍一段时间酿成。

桃红葡萄酒：此酒采用短期皮汁混合发酵，也有采用红、白葡萄酒混合酿造。

起泡酒：即酒精发酵过程中将二氧化碳封存的汽酒。

甜葡萄酒：在发酵尚未完成时停止发酵，保存了一部分糖分，让葡萄酒带有甜味和果味。

加烈酒：在酿造过程中加入口感纯净的烈酒，从而使酒精含量提高的葡萄酒。

味蕾锻炼

在你打开这些昂贵的葡萄酒之前，你需要对你的味蕾进行锻炼，以便清楚地感受葡萄酒中的主要成分：酸度，单宁，糖分和果味。对于这些成分的判断越是准确，你就会愈发享受品酒的过程，从而成为一名更好的品酒派对组织者。

酸度——尝一口新鲜的压榨柠檬汁，注意力全部集中在你的嘴里，想想你在什么地方能感受到它的酸味。理论上应当是在口腔的后部、靠近双颊的地方。不过，在这种全神贯注的体验中，也许你会感觉整个口腔都很酸。

单宁——喝一口已经泡了一会儿的伯爵茶。单宁赋予了葡萄酒结构和质感。有时，葡萄酒中的单宁会有些过量，也有一些时候它几乎不会被我们察觉。通常情况下，我们的双颊和牙龈之间能够感受到单宁的存在。

糖分、果味和其他味道——用新鲜的水果，草莓、黑莓、香蕉、柠檬、芳草、香料、花朵和橡木片做个实验。把水果和草本植物切片，分别放在高脚杯里，并兑一点水。闻一闻每个杯子，分别感受一下它们的气味。

什么是单宁？

单宁存在于葡萄皮、籽和梗中。此外，存放葡萄酒的木桶中也有单宁存在。在我们喝葡萄酒时，两颊和牙龈之间会有干涩的感觉，这便是单宁的作用。在大部分葡萄酒中，单宁十分重要，它能帮助建立葡萄酒的"骨架"结构，丰富葡萄酒的质地。因为葡萄酒中的单宁能够帮助分解食物中的蛋白质和脂肪，所以用葡萄酒为重油、难以消化的菜佐餐时就显得非常合适。如果葡萄酒中的单宁过多，会掩盖住酒本身的风味和香气，酒也会变得异常苦涩。

品酒指南

　　葡萄酒的品评是一件非常主观的事。有的人很享受品酒的过程，而有的人却对此深恶痛绝。当你和客人们品酒时，不妨试试以下这些基本方法，来形成你自己对于葡萄酒的看法。

看

　　通过观察葡萄酒的品相，你所能了解到的要比你想象的更多。通常情况下，与陈酒相比，新酿的葡萄酒颜色更加单调。白葡萄酒的颜色既有

稻草黄色，也有略不透明的绿色。红葡萄酒中，它的颜色跨度从鲜樱桃色到深紫色和石榴红色。葡萄酒的颜色取决于酿酒葡萄的品种、发酵前果汁和果皮的浸渍时长，以及发酵容器的类型（一般是钢槽或橡木桶）。不过，随着葡萄酒贮存年份的增加，酒中的色素分解，酒的颜色也会随之改变。白葡萄酒呈现出深黄色，最终变成棕色。红酒的颜色则从绯红色、砖红色最终变成棕色。

用来形容葡萄酒品相的术语：明亮的，清澈透明的，浅色的，不透明，鲜艳的，褐变，色彩不均匀的，暗淡的，漆黑的。

摇

轻摇杯中的葡萄酒，可以促进葡萄酒的氧化，通过与氧气的接触，酒香得到释放。无需用力摇晃葡萄酒，只要轻轻地旋转一下就能让其中隐藏的内在展现出来。斟酒不宜太满，这样会错失可以充分旋转、晃动的机会；倒酒以不超过酒杯的一半为好。摇晃起泡酒时要格外小心，稍加旋转就足以释放其香味，过度旋转将导致起泡酒走气，失去它特有的气泡感。

闻

　　大部分人都认为，在葡萄酒体验中，品尝是最重要的一部分，不过事实上闻酒的过程几乎同样重要。闻一口酒香，想想你最先感受到了什么。是水果味？是泥土的味道？还是酒精的味道？在此之前你闻过这些香味吗？有的酿酒葡萄品种，如西拉(Syrah)和歌海娜(Grenache)，它们的香味十分宽泛，取决于酿酒师的酿制方式和它们的种植地区；另外一些葡萄品种，如长相思(Sauvignon Blanc)和麝香(Muscat)，尽管它们的产地和生产者不同，却能散发出相似的香味。辨别这些不同葡萄品种的酒品能让你更了解酿酒葡萄的相关基础知识，并形成深刻的记忆。当你剖析完了最初的味道，就继续钻研下去吧！现在，最初的味道消散在空气中，残余的香气却萦绕在鼻尖。第二次闻到的气味会更加清晰，这也使你可以建立起对该酒的第一印象。

　　让酒杯在你的鼻尖自由移动，从酒杯的每一个角度去闻一闻葡萄酒的香气——因为每一个鼻腔的嗅觉发现都会有所不同。或许这是一个复杂的过程。2004年，两位获得诺贝尔奖的科学家发现，人类的鼻子可以察觉到10 000多种不同的气味。

　　用来形容葡萄酒香味的术语：泥土味，木头味，坚果味，植物味，水果味，香料味，花香，蔬菜味，巧克力味，辛辣味，矿物质味，动物气味。

当你晃完酒杯后，探鼻入杯中，闻闻葡萄酒的香味。

尝

在这一阶段，我们将在闻酒的基础上更进一步形成我们对于葡萄酒的印象。它尝起来和闻到的味道一样吗？闻到的与嘴里的味道像吗？这个味道最明显的特点是什么？是水果味吗？有橡树或者木头的味道吗？最后，最重要的就是，你爱这款葡萄酒吗？

对葡萄酒而言，酸度是非常值得期待的一项指标，是一款好的葡萄酒最重要的，也是最可信的指标之一。双颊内侧的刺痛感正是我们的身体对酸度的反应，而酸度同时也是葡萄酒，尤其是白酒和起泡酒的组成部分。葡萄酒中的酸能够帮助分解食物颗粒，赋予葡萄酒与众不同的食物适配性。此外，它能够使葡萄酒经过弥久陈年仍能经得起检验，世界上很多经过长时间陈放的葡萄酒依然味道浓郁、口感均衡。没劲、腻味和过气的葡萄酒中酸度荡然无存，或是被酒中过高的糖分、果味、单宁或酒精完全掩盖住了。

用来形容葡萄酒口感的术语：涩，亲和的，紧涩的，均衡的，强劲的，苦的，明快的，咀嚼感，僵化的，奶油味的，清爽的，精美的，成熟的，干的，泥土味的，优雅的，过浓的，肉质的，清新的，生青，不协调的，植物味的，辛辣的，轻盈的，持久的，褐化的，成熟的，肉味的，金属味的，霉味，坚果味，橡木味，变质的，被氧化的，饱满馥郁的，诱人的，余味短的，柔和的，细瘦的，含硫味的，单宁的，尖酸的，清淡的，陈腐的，焦香的，木头味，带酵母味，年轻的。

品

当你品酒时，用嘴吸气，让空气滑过你的舌尖，将酒香最大化地呈现在喉咙里的嗅球前。这是向大脑传送信号时最主要的一步，能够帮助确定是否喜欢你所品尝到的酒。通过用嘴吸气的过程，葡萄酒的特质能够最大限度地展现在我们的喉咙中。

回味

　　品酒的最后一步是在体会葡萄酒的变化时继续享受它的美妙，因为葡萄酒的精华远不止玻璃杯中的那一点。从葡萄酒与空气接触的那一刻起，它就开始发生变化。

　　品酒时，你和你的客人们可以选择是把酒咽下，或者吐出来。为客人们提供倒酒的容器也不失为一种体贴。

酒标解读

　　组织品酒派对时，另一项需要掌握的重要技能是能够解读并理解葡萄酒酒标中的信息。值得庆幸的是，葡萄酒酒标中不少项是受法律规定的，尤其是进口美国的葡萄酒。理解葡萄酒酒标的含义能够帮助你在当地酒店里挑选派对用酒时找到捷径。

酿酒葡萄品种　这是酒标信息中非常重要的部分（不是必须，但通常都会列在酒标上），其作用在于能帮助消费者选择那些由他们熟悉的葡萄品种酿成的酒。在一些酿酒区，允许采用添加少量不同品种的葡萄进行混酿的生产方式，不过，酒标上依旧只标注主要品种。例如，美国加利福尼亚州的酿酒厂生产以赤霞珠(Cabernet Sauvignon)为原料的葡萄酒时，会添加15%~20%的其他葡萄品种，例如美乐(Merlot)、西拉之类的品种。但这款酒的标签上仍注明原料为赤霞珠，没有必要公开其他葡萄品种。然而，在澳大利亚，混酿葡萄酒必须按照递减的顺序标明选用的所有葡萄品种。由于不同产区的规定各不相同，采购葡萄酒之前，你得先做足功课。

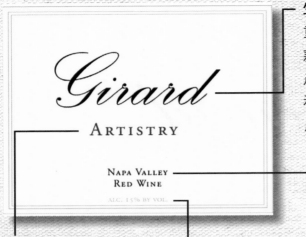

生产商或酒厂名 酒标上最重要的内容之一，说明了该款葡萄酒的出处。有时，生产商会列出他们的联系方式和网址，甚至是在酒标背面用较小的字体印出扫描码。

原产地或产区 标明了该款葡萄酒酿造葡萄的产地。了解你所喜爱的原产地将有助于你在葡萄酒世界里找到自己的所好，因为大部分的原产地都有关于所用葡萄和酿造工艺的规定。如果是这样的话，这些规则会对最终的产品产生影响，同一原产地将会生产出风格基本稳定而独特的葡萄酒。

葡萄酒商标名 葡萄酒商标名既有可能是葡萄园的名称，也有可能是某个相关事物的名字，也可以是任何与葡萄酒有一定联系的方言俗称，或随手取就。同样，它也有可能就是葡萄酒厂自己的名字，或者是指专利名和虚构的名字。只要不会对消费者造成误导，或侵犯了其他厂家的商标名，任何事物都有可能成为葡萄酒的商标名。

酒精度 说明了葡萄酒中的酒精含量。大多数干型葡萄酒酒精含量为8%～17%，但甜葡萄酒和加烈酒中的酒精含量在5%～25%。标明酒精度，一方面可以让消费者对葡萄酒的浓度做到心中有数；另一方面，消费者需要知道的是，葡萄酒的酒精度越高，其对应的关税就越高。大部分国家允许有±1%左右的补贴。

年份　即酿造该款葡萄酒的葡萄采收年份。由于每年的天气条件都不尽相同，所以你所爱的葡萄酒品种其特色会因为年份的不同而有所改变。有时这种改变很小，并不容易被人察觉；不过有些情况下相邻年份的酒之间也会存在天壤之别。评估每一个年份的年份表和年份报告对葡萄酒收藏者而言十分重要，因为好的年份往往会带来值得收藏的好酒，这对于掌握何时购买、窖藏或享用葡萄酒大有裨益。

Girard

SAUVIGNON BLANC
NAPA VALLEY

OUR SAUVIGNON BLANC IS FERMENTED IN STAINLESS STEEL TO MAINTAIN BRIGHT, CRISP FLAVORS THAT ACCENTUATE THE RIPNESS AND FULLNESS THAT WE ACHIEVE FROM PICKING OUR GRAPES LATER IN THE SEASON. RICH CITRUS AND GREEN APPLE FLAVORS ARE ABUNDANT. MADE WITH NATIVE YEASTS AND NO MALALACTIC FERMENTATION, THIS WINE IS RICH IN FLAVOR WITH A REFRESHINGLY SMOOTH FINISH.

FOR INFORMATION OR TO JOIN OUR WINE CLUB
707-968-9297
GIRARDWINERY.COM
VISIT OUR TASTING ROOM AT
6795 WASHINGTON STREET IN YOUNTVILLE, CA

CONTAINS SULFITES   750 ML   ALC. 13.9% BY VOL.

GOVERNMENT WARNING: (1) ACCORDING TO THE SURGEON GENERAL, WOMEN SHOULD NOT DRINK ALCOHOLIC BEVERAGES DURING PREGNANCY BECAUSE OF THE RISK OF BIRTH DEFECTS. (2) CONSUMPTION OF ALCOHOLIC BEVERAGES IMPAIRS YOUR ABILITY TO DRIVE A CAR OR OPERATE MACHINERY, AND MAY CAUSE HEALTH PROBLEMS.

PRODUCED & BOTTLED BY GIRARD WINERY, HEALDSBURG, CA

详细的侍酒建议　一种比较新的做法是在酒标上对葡萄酒稍加介绍，并针对饮用温度、配餐提供建议。

容量　说明酒瓶中容纳葡萄酒的体积。常规酒瓶容量为750毫升，也就是3/4升，差不多相当于25盎司。葡萄酒生产者们会使用各式各样的酒瓶，它们的型号和形状各不相同。因此，在酒标上写明酒瓶的真实容量就格外重要。有时，酒瓶的容量被直接刻在了瓶子上。

生产国 葡萄酒的生产国家。

进口商名 葡萄酒是由具有物流、仓储、办理海关手续资质的公司进口的。有的进口商同时扮演着独家分销商的角色，并将酒品出售至葡萄酒零售商店和餐馆；也有的进口商将酒卖给具有资质的分销商，经由这些分销商将葡萄酒销往各个商店。如果想找到某款特定的葡萄酒，正确的做法是与它的进口商取得联系。进口商们也常常会在酒标上留下他们的网址或其他联系方式，并且十分欢迎咨询沟通，这一点他们与生产商们很像。如果这是一款国产酒，那就不存在进口商一说了。下次当你在朋友的宴会上尝到一款不错的葡萄酒时，不仅要记下它的商标名，也要记下进口商名。

亚硫酸盐警告 所有进口美国的葡萄酒必须用亚硫酸盐作为防腐剂和稳定剂。不同葡萄酒中的亚硫酸盐含量等级不同，但是所有进口葡萄酒中的亚硫酸盐含量至少为10ppm（百万分之十）。通常，添加二氧化硫是为了阻止葡萄酒的发酵。

ARTISTRY is our proprietary blend of 59% CABERNET SAUVIGNON, 19% CABERNET FRANC, 5% PETIT VERDOT, 11% MALBEC and 6% MERLOT. OUR GRAPES COME PRIMARILY FROM BOTH HILLSIDE & VALLEY FLOOR VINEYARDS IN OAKVILLE & ST. HELENA. RICHLY TEXTURED & ELEGANTLY BALANCED WITH FORWARD FRUIT & INTEGRATED TANNINS.

For information or to join our wine club 707-968-9297 girardwinery.com
Visit our Tasting Room at 6795 Washington Street in Yountville, CA

CONTAINS SULFITES 750ML ALC. 15% BY VOL.
PRODUCED & BOTTLED BY
GIRARD WINERY, SONOMA, CA

GOVERNMENT WARNING: (1) ACCORDING TO THE SURGEON GENERAL, WOMEN SHOULD NOT DRINK ALCOHOLIC BEVERAGES DURING PREGNANCY BECAUSE OF THE RISK OF BIRTH DEFECTS. (2) CONSUMPTION OF ALCOHOLIC BEVERAGES IMPAIRS YOUR ABILITY TO DRIVE A CAR OR OPERATE MACHINERY, AND MAY CAUSE HEALTH PROBLEMS.

政府警告 所有的葡萄酒（或者说是酒精含量在0.5%以上的饮料）都必须写明饮用此饮料对健康的影响，包括生育缺陷、机械装置操作能力受限以及一般健康问题。

派对组织

　　品酒派对的场景和主题千变万化，如果你迫不及待地想办一场酒会，那就按照下面列出的建议，全心全意地投入其中吧！尽量把酒会规模控制在一个较为亲密的范围内——理想的规模是5～15人。当你列好来宾名单后，只需要在首次组织品酒派对前稍作准备就好。

虽然葡萄酒杯的形状各式各样，基本款的酒杯却能在大部分场合发挥作用。

现场准备

高脚杯

就酒杯而言，为每一位客人准备一些不同的酒杯会十分有用，但这也并不是必须的。不过你至少得为每位客人准备两只杯子：一个用来品尝红葡萄酒，另一个则用来品尝白葡萄酒。如果你只能为客人们提供一只酒杯，你也可以让它充分发挥作用。尽量不要使用塑料杯或陶瓷杯之类的非高脚玻璃杯作为酒杯，玻璃杯的中性使它最适合用来品酒。

资料

准备好书后附上的葡萄酒气味轮和品酒记录本，也可以拿出几本你钟爱的葡萄酒书籍以供取阅。

其他材料

- 用来保持葡萄酒冰镇口感的冰桶
- 方便客人吐酒和倒酒的容器
- 开瓶器
- 餐巾
- 水
- 用来在品酒间隙清理味蕾的饼干、面包棒以及其他中性口味的面包

有些品酒会的主办方喜欢用贴纸或其他东西来帮助区分每一位客人的酒杯。在品酒进行了一段时间后，客人们把酒杯放错位置并不奇怪。因此，在酒会开始前就在酒杯上做好标记，能够帮助主办方免去在整个活动过程中洗杯子的麻烦。

关于侍酒

在什么温度时侍酒?

　　起泡酒和白葡萄酒最好在冷藏后享用，通常在10~15摄氏度（即50~60华氏度）；红酒的温度要稍微高些，在15~20摄氏度（即60~70华氏度）。对所有葡萄酒来说，酒温偏低会抑制酒中的果味和香气发散，也会让你错过葡萄酒的精彩之处。如果酒温偏高，葡萄酒中的酒精会变得更易察觉，会让你的鼻腔感受到一点点刺痛感和烧灼感。酒精会掩盖住葡萄酒本身的香味和成分，你可能会又一次错过葡萄酒中最令人愉快的部分。不过，这只是指导意见，侍酒温度是葡萄酒鉴赏的另一个主观课题。

何时开酒最好?

　　如果你想通过醒酒来软化葡萄酒中强劲的单宁和结构，那么把酒倒入滗酒器中会很有帮助。如果你没有滗酒器，那么只要在客人到来前一小时左右的时候打开烈酒的瓶盖就好。对于一般不太烈的葡萄酒而言，提前10~15分钟足矣。这样既可以让葡萄酒得以呼吸，也能在客人到来时依然保持新鲜的口感。过早开酒将导致葡萄酒出现轻微的氧化，口感寡淡。

倒多少酒?

在举办品酒会时,最好少倒一些以供品尝,这样每位来宾就都能有机会在品尝下一款酒之前尝尝眼前的这一款。一瓶葡萄酒应足够提供给8~12位客人品尝——每人60~90毫升(2~3盎司)的酒。这个量足够让每位客人充分品评并判断酒的质量。

可以考虑为客人们提供葡萄酒的相关评论和文献著作,虽然这并不是必须的,不过有些客人很喜欢这样。在一群客人们当中常常会有一两个人羞于在众人面前提问。

按照什么顺序上酒?

有些品酒会的组织者会选择在派对一开始就把所有的葡萄酒都端出来以便享用,也有些人喜欢掌控上酒的节奏和品种。如果你每次品尝一种酒,建议你先从较为清淡的酒开始,逐渐过渡到较为醇厚的酒。反之,如果先饮用醇厚的酒会让你的味蕾变得迟钝,导致其后的清淡型葡萄酒尝起来风味不那么明显。

品鉴主题

　　组织品酒派对的方法有无数种。一个简单的游戏安排，一个小小的计划，这些构思都可以提高品酒会的档次，并让所有那些温文尔雅的来宾对你的组织能力交口称赞。以下是一些较为常见，且简单易行、充满趣味的品酒会主题。

盲品

　　这是最激动人心的一种品酒方式，因为当你在尝试盲品时，可以在不知道其酿酒葡萄原产地的情况下对酒的优点进行评估。通常，了解葡萄酒产地和生产者会影响我们对于葡萄酒的判断。在盲品时，我们尝试着根据酒的香气、味道和口感辨别它的组成。

　　就经验而言，较为轻盈的、酒精度数低的葡萄酒产自气候凉爽的地区，而较为成熟的、酒精度数高的酒则产自更为温暖的地区。对于葡萄酒的香味和果味而言，脑海中的记忆便是最好的资源。品酒时，回想所有你曾经品尝过的葡萄酒，并自问与它们相比，眼前的这个味道有什么不同。在某些情况下，你可以猜出这款葡萄酒的类型。有时，你会被难倒，然后再猜一次。记得把你品尝的每一款酒的所有信息都写在品酒记录本上，这样你就会形成一套准确的品酒记录。

盲品时，确保将葡萄
酒的信息隐藏好。

葡萄品种

　　围绕某一种酿酒葡萄品种举办葡萄酒品鉴会是一种很好的方式，通过这种方式可以感受同一个葡萄品种不同的表现及其风味变化。由于世界上没有两个地方的气候和土壤条件是完全相同的，所以即使你品尝的酒是由同一种葡萄加工酿造而成，它们也一定迥然不同。品尝经典酿酒葡萄品种的成酒是一个不错的开始，比如白葡萄中的长相思(Sauvignon Blanc)、雷司令(Riesling)、霞多丽(Chardonnay)，以及红葡萄中的美乐(Merlot)、赤霞珠(Cabernet Sauvignon)、黑品乐(Pinot Noir)。所有的这些酿酒葡萄品种在全球范围内都有种植，因而想找到同一品种产自不同大陆的不同葡萄酒相当容易。比如，试分别比较产自美国加利福尼亚、阿根廷、法国、意大利和新西兰的长相思酒，它们的味道和香气都会有所不同，你的客人们也会对此感慨良多。

　　你也可以创建出一个针对某一葡萄品种更加具体的品酒主题，例如法国生产的黑品乐酒。这些葡萄酒依旧会有一些不同，却因为它们的原产地接近，品尝者也许会发现它们之间的相似之处。葡萄酒中这些微妙而有趣的差异正是朋友之间争论和分析的乐趣所在。这种围绕着某一具体酿酒葡萄品种举办的品酒派对需要组织者发挥想象力和创造力。

美乐是一种广泛种植的葡萄品种，是单一品种品酒会的上乘之选。

美国俄勒冈州的邓迪山丘。

原产地

原产地是由政府进行分级的葡萄种植地。每个国家都有自己的一系列规则，不过就绝大部分而言，对于原产地的规范主要在于地理边界、葡萄品种、陈化要求、产量要求和酒精度要求。这些规范能够帮助确保来自某个原产地的葡萄酒质量一致，甚至风格统一（在合适的情况下）。品尝由某一原产地生产的葡萄酒是感受这一地区成酒风格的绝佳方式。

有些原产地，譬如意大利西北部的巴罗洛(Barolo)，它们非常独特，只采用一个葡萄品种进行酿酒：内比奥罗(Nebbiolo)。如果你想举办一场目标更加明确的品酒派对，那就组织一场巴罗洛葡萄酒的品鉴会，品尝到由一小块地区种植出的同一种葡萄酿成的五种红葡萄酒。如果你希望品尝到的葡萄酒更加广泛，那就组织一场西班牙里奥哈(Rioja)葡萄酒品鉴会。在这个原产区，白葡萄和红葡萄都可以种植，葡萄酒风格也更加多样化。

以下是顶级葡萄酒生产国一些主要酿酒葡萄生产地区和原产区，这些地区生产的葡萄酒范围较广，风格多样，并且由不同的生产商生产。

阿根廷： 门多萨(Mendoza)、里奥内格罗(Rio Negro)、拉里奥哈(La Rioja)、圣胡安(San Juan)、萨尔塔(Salta)、图库曼(Tucumán)

澳大利亚： 西澳(Western Australia)、南澳(South Australia)、新南威尔士(New South Wales)、维多利亚(Victoria)、昆士兰(Queensland)、北领地(Northern Territory)

法国： 香槟(Champagne)、勃艮第(Burgundy)、波尔多(Bordeaux)、罗讷河谷(Rhône Valley)、卢瓦尔河谷(Loire Valley)、阿尔萨斯(Alsace)

德国： 摩泽尔(Mosel)、莱茵高(Rheingau)、莱茵汉森(Rheinhessen)、法尔兹(Pfalz)、纳厄(Nahe)、阿尔(Ahr)、弗兰肯(Franken)、中部莱茵(Mitterlrhein)

意大利： 巴罗洛(Barolo)、巴巴莱斯科(Barbaresco)、蒙达奇诺·布鲁奈罗(Brunello di Montalcino)、基安蒂(Chianti)、阿玛洛尼·瓦尔波利切拉(Amarone della Valpolicella)、萨格兰蒂诺·蒙特法尔科(Sagrantino di Montefalco)、普罗赛克(Prosecco)、索瓦(Soave)

西班牙： 里奥哈(Rioja)、杜埃罗河岸(Ribera del Duero)、卡瓦(Cava)、普里奥拉(Priorat)、下海湾(Rías Baixas)、鲁埃达(Rueda)、托罗(Toro)、纳瓦拉(Navarra)、胡米利亚(Jumilla)

美国：纳帕谷(Napa Valley)、索诺玛山谷(Sonoma Valley)、圣塔芭芭拉 (Santa Barbara)、手指湖(Finger Lakes)、哥伦比亚山谷（Columbia Valley）、瓦拉瓦拉山谷（Walla Walla Valley）、亚基马山谷（Yakima Valley）、威拉米特谷（Willamette Valley）

垂直品鉴

　　一场垂直品鉴的葡萄酒会对于组织者来说是个挑战。不过，如果做好了充分的准备，它也会成为令人难忘的葡萄酒体验之一。垂直品鉴酒会针对于不同年份出产的同一款葡萄酒。由于没有任何两个年份的生产条件会完全相同，所以注定会品尝到截然不同的葡萄酒。更重要的是，随着酒的陈酿，葡萄酒本身也发生了巨大的变化——酒中的果味和酸度逐渐消失，取而代之的是独特的香味，以及其他很有意思的味道。在组织垂直品鉴时，建议将葡萄酒按照陈酿年份由短到长的顺序排列，以感受葡萄酒陈年的魅力。例如，分别品尝2010年、2006年、2000年、1997年和1990年艾格里尼酒庄出产的阿玛瑞恩·瓦尔波利切拉酒(Allegrini Amarone della Valpolicella)。因为只有一小部分葡萄酒会存放五年以上，所以想一下子找到五、六瓶不同年份生产的同款酒或许会有点难度。你可以与当地葡萄酒商店的人联系，采购一些年份较长的葡萄酒，或者从现在就开始购买，为日后的品尝提前做好准备（右图）。

水平品鉴

　　围绕同一年份出产的不同葡萄酒举行的品鉴会被称作水平品鉴会。通常在水平品鉴会上会把来自相似地区的葡萄酒进行比较，这种品鉴会一般会在最新一年的葡萄酒出产后不久举行。水平品鉴是一个很有意思的主题，它让我们得以了解葡萄酒生产者们如何酿造出风格独特的葡萄酒，尽管这些酿酒葡萄都种植在一块很小的地区内，受到相同气候条件的影响。如果想要举办一个更加深入的水平品鉴派对，你可以准备同一个原产地在同一年出产的五、六种不同葡萄酒。如果是一个相对宽泛的水平品鉴会，准备不同国家同一年生产的葡萄酒就好，对这些葡萄酒进行比较。

旧世界VS新世界

"旧世界"和"新世界"是指葡萄酒的产地。"旧世界"国家指那些位于欧洲的葡萄酒生产国，欧洲以外的则被认为是葡萄酒的"新世界"。长期以来，欧洲国家始终认为葡萄酒是他们的文化中的基本组成部分，许多欧洲人每一餐都要饮用葡萄酒。在欧洲以外的国家，葡萄酒生产和消费也已经出现了一段时间，但影响相对较小，重要性也更低。这也是世界葡萄酒划分的主要原型。

葡萄酒的"新旧对比"还有另一重含义，即葡萄酒是如何生产的，品尝起来又有什么不同。喜欢轻盈、偏干、低酒精度葡萄酒的人会更偏向于"旧世界"葡萄酒，而喜欢更浓的果味、亲和力和高酒精度葡萄酒的人会更喜欢"新世界"葡萄酒。

想要组织符合这一主题葡萄酒的品鉴派对，可以比较"旧世界"葡萄酒和"新世界"葡萄酒中同一酿酒葡萄品种制成的酒。例如，选择一些由阿根廷、美国和新西兰酿制的黑品乐酒，把它们与法国、德国以及意大利酿制的黑品乐酒进行对比。另一种经典的"新旧对比"则是将法国、西班牙出产的西拉和歌海娜酒与澳大利亚、美国出产的西拉酒进行比较。此外，你还可以试着品一品法国、德国、意大利出产的"旧世界"雷司令酒，看看它们是如何与美国、澳大利亚和加拿大出产的"新世界"雷司令酒一争高下的。

右页：意大利威尼托产区的葡萄园。

不同价格的葡萄酒

葡萄酒的价格由许多因素决定。酿酒葡萄的产地、葡萄酒的产地、酿造方式、销售方式、在葡萄酒评论家中的受欢迎程度等，都是影响葡萄酒价格的因素。并不意味着葡萄酒的价格越高，其品质就会越好。有时候我们会说服自己相信越贵的葡萄酒越好，而有效摈弃成见的方式就是举办一场涵盖了不同价格葡萄酒的品鉴会。譬如品尝5~6种葡萄酒，它们的价格从10~50美元不等。在不提及酒价的情况下，与你的朋友们一起对酒做出评价。在每个人权衡比较之后，说出各自最喜欢的一款酒。最受欢迎的葡萄酒多半不是所有酒里最贵的那一款。这些意外的发现会让我们建立起作为葡萄酒爱好者的自信，信任自己的味蕾尝出怡人或是不愉快的味道。

生产者

另一种品酒主题是试着品尝一家葡萄酒厂整个生产线上的所有葡萄酒。大部分葡萄酒厂会生产多种葡萄酒，一起品尝这些葡萄酒是探索某一生产者所有味道的一个很有趣的方式。葡萄酒生产者往往会同时生产白葡萄酒和红葡萄酒，因为有的人会只喜欢喝红葡萄酒，有的人只喜欢喝白葡萄酒，这样所有人都能够品尝到自己所爱的类型。

随机

你也可以简简单单地组织一场品酒派对，随机品尝一些彼此之间没有任何相关性和联系的葡萄酒。记住，让品酒会简单而有趣，是每一场精彩的品酒会的核心，而且，实际上有时候越简单越精彩。

品酒记录

　　在你品尝完每一款酒之后，把你的印象记录下来，可以记在本书附录的品酒记录页上，也可以记在单独的葡萄酒日志上。全球许多受人尊敬的葡萄酒评论家和葡萄酒专家对他们所品尝的葡萄酒都有着全面的记录，他们会在品酒笔记里记下他们喜欢和不喜欢的葡萄酒，以供将来参考。

　　对于葡萄酒的记录不需要像说故事一样完整，但应该包含一些基本的信息，如葡萄酒的名称，酒厂的名字，酿酒葡萄品种（可能不止一种），葡萄的原产地或生长地区，葡萄酒年份（酿制年份），葡萄酒的大致价格。最后，对你感受到的酒香和味道加以记录；笔记中还应涉及口中的感觉和体会。

　　每次描述一款葡萄酒时，不妨挑战一下自己。不仅仅满足于使用"果味"来形容，试着指出你闻到的或尝到的究竟是哪一种水果。是更多像樱桃和蔓越莓之类的红色浆果味，还是更多像黑莓和博伊森莓（一种杂交浆果，译者注）一样的深色浆果味？你的记录描述性越强、越明确，你的"葡萄酒行话表达"就培养得越快。

品 酒 记 录

2	*John Q. Taster*	*Barbera d'Alba*
酒瓶编号	品尝者姓名	原产地
Italy	*Elvio Cogno*	*Barbera*
国家	生产者/酿酒厂	葡萄品种
2010	*$25.99*	*14*
酿制年份	价格	酒精浓度

外观 在下方圈出你的选择

总体： 清晰 (中等) 浑浊 朦胧

颜色：

红葡萄酒：(紫色) 红宝石色 石榴红色
褐红色 棕色

白葡萄酒：无色透明 淡绿色 稻草黄色
黄色 金色

味道 在下方圈出你的选择

甜度： (干型) 半干型 半甜型 甜

酒体： 轻盈 (半饱满) 饱满

味道与气味一致吗？ 是 (否)

若为否，是什么味道？ *Aroma hinted wine*
would taste fruity, but it's dry and powerful.

橡木味： 无 (有一些) 许多

结构/酸度： 果味 (中等) 酸味尖锐

单宁： 低 (中等) 高

酒香/气味 在下方圈出你的选择

果味类型： *Plum, blackberry,*
black cherry

非果味： 花香 (香料味 药草味)
泥土味 矿物味 其他

其他味道?请说明: *Hints of licorice with notes*
of oak, black pepper, and dried herbs

评价 在下方圈出你的选择

按照1～10给该款葡萄酒打分

1 2 3 4 5 6 7 8 (9) 10

附笔： *Wine is very balanced*
with notes of ripe and darker berry
fruits and spices. Reminiscent of a
full-bodied Merlot from Bordeaux, France.
Pair with cured meats and mild cheeses.

派对采购

　　葡萄酒品鉴派对经历的主要内容在于理解如何分析葡萄酒，但如果你想举办一场顶级的品酒会，挑选和购买葡萄酒的过程同样重要。在美国，各个州的酒精类饮品分销系统都有所不同，大部分州都是采用的三级制。由葡萄酒厂将酒卖给有资质的分销商，再经分销商将酒出售到零售商店和餐馆。有些分销商只在一个州内开展业务，而有的分销商则开辟了全国的销售渠道，并拥有庞大的销售力量。酒厂会对这些分销商的特点进行评估，寻找最能代表他们生产的葡萄酒的分销商进行合作。较小的酒厂则与小分销商们齐头并进。这也就是为什么有时你能在去密歇根州出差时发现一款葡萄酒，在你家所在的伊利诺伊州却无法买到同款葡萄酒的主要原因。如果你幸运的话，也许能在网上买到这款酒。

　　同样，葡萄酒出售给消费者的方式也是"因州而异"。譬如在新泽西州，你可以在买杂货的同时购买啤酒、葡萄酒和烈酒。而在其他一些州，如纽约州和宾夕法尼亚州，葡萄酒和烈酒是与杂货分开进行销售的。此外，各个州的法律也对在一个州买酒、随后运输到另一个州的情况进行了规定，有些州是允许这种情况存在的，另一些州对此却坚决反对。

利用进口商和/或分销商

看看酒瓶背面进口商或分销商的信息，这就是追寻你挚爱葡萄酒的秘密所在。大部分情况下，这些公司列出的联系信息，包括地址、电话号码和网址。网站提供了关于生产商和出产的不同葡萄酒的一系列信息，有时也会列出可购买的零售商和饭店名称，以便顾客购买。

采购葡萄酒

葡萄酒消费和享受的热情空前高涨，如今当地的葡萄酒商店是买酒的绝佳场所之一。大部分葡萄酒商店的布局正在经历着一场改革，它们也正在改变着引导消费者、销售葡萄酒的方式。曾经单调、直截了当的方式如今变成了一种富于变化、体验性的互动交流。这当中包括了有趣的标识和展览，受过培训、热情的工作人员，店内试喝，葡萄酒俱乐部，甚至还有葡萄酒之旅的激励方式。这些进步对于每一位想挑选到不同价位葡萄酒的酒会组织者们来说都十分有帮助。

一些葡萄酒零售店按照出产国家来排列他们的葡萄酒。这种方式可以让你在店里的某一个区域找到所有的法国葡萄酒，在另一个区域找到所有的意大利葡萄酒，再换一个区域找到所有的当地葡萄酒。如果你想以葡萄酒原产地为主题来组织品酒会，这种排列方式能够让你的目标更容易被找到，这对于着重了解每一个国家的不同产区来说是一个很好的方式。不过，有时这种布局方式也有一定的缺陷。比如说，如果你喜欢长相思酒，

VENEZIA GIULIA
INDICAZIONE GEOGRAFICA TIPICA
SAUVIGNON 2011
BASTIANICH
WHITE WINE
ESTATE BOTTLED BY BASTIANICH SRL • CIVIDALE DEL FR. • ITALIA
ADRIATICO SAUVIGNON IS EVIDENCE OF HOW AN IMPORTED
VARIETY CAN DEVELOP CHARACTER SO DISTINCT AS TO RENDER IT
AS IMPORTANT AS ANY INDIGENOUS VINE, WITH TWO CENTURIES
OF HISTORY IN ITALY'S NORTHEASTERN-MOST REGION, THESE
HILLS HAVE BECOME ONE OF THE FEW PLACES ON EARTH WHERE
SAUVIGNON BLANC REACHES ITS MAXIMUM EXPRESSION, THE
COMBINATION OF CLIMATE AND CALCAREOUS SOIL BRINGS OUT
COMPLEXITY, FULLNESS, AND ELEGANT VARIETAL AROMATICS:
THE HALLMARKS OF WORLD-CLASS SAUVIGNON BLANC.
WWW.ADRIATICOWINE.COM
CONTAINS SULFITES PRODUCT OF ITALY
NET CONT. 750 ml ALC 13% BY VOL
GOVERNMENT WARNING: (1) ACCORDING TO THE SUR-
GEON GENERAL, WOMEN SHOULD NOT DRINK ALCOHOLIC
BEVERAGES DURING PREGNANCY BECAUSE OF THE RISK OF
BIRTH DEFECTS. (2) CONSUMPTION OF ALCOHOLIC BEV-
ERAGES IMPAIRS YOUR ABILITY TO DRIVE A CAR OR OP-
ERATE MACHINERY, AND MAY CAUSE HEALTH PROBLEMS.
IMPORTED BY
DARK ★ STAR IMPORTS • NEW YORK • N.Y.

进口商　这瓶意大利白葡萄酒由位于纽约的暗星进口商引进。

想找到这家店出售的所有由长相思葡萄酿成的不同葡萄酒，那你就不得不仔细留心所有不同国家葡萄酒专柜上陈列的酒，按照酿酒葡萄品种来挑选葡萄酒。

其他一些葡萄酒零售店会按照葡萄酒的风格来安排他们的店面布局，比如说按照葡萄酒的风味特征来进行安排。在店里的某个角落，你会发现"简洁清爽型"葡萄酒，而在另一个角落的是"醇厚饱满型"葡萄酒，在下一个角落里则是"强劲浓厚型"葡萄酒。如果你只专注于购买某一风格的葡萄酒，而不是关注产地或酿酒葡萄品种的话，这种布局方式就会很有帮助。但你需要记住的是，这些葡萄酒是由商店的营业员们进行挑选和分类的，也许你尝到的和他们的观点并不一样，你所认为的"醇厚饱满型"葡萄酒也许是他们认为的"轻盈柔和型"葡萄酒。此外，若想品尝基安蒂产区（Chianti）出产的葡萄酒，也许你得花上好一会儿工夫才行，因为你并不确定它们是被划分为"轻盈的干性酒"还是"有趣的果味酒"，所以你得搜索不同的货架才能找得到它们。

在线购买葡萄酒

2005年，美国最高法院通过一项关于允许境外葡萄酒厂和零售商通过互联网销售葡萄酒的法案。不过，各州对于其酒水销售依然拥有自主权。有些州仍禁止一切直接面向消费者的葡萄酒运输，这其中大部分州都是采用相对保守和传统的酒水法令。对于这种法令已经产生了很多诉讼，所以未来它是否继续被采用，情况并不十分明晰。到目前为止，在线商务最大的影响是网站并不一定直接向消费者出售葡萄酒，而是使消费者与酒厂建立联系。在这种情况下，他们获得一小笔销售费用，而将货物运输责任转移给了酒厂、消费者或双方兼而有之。有些好酒在你家当地的商店里并没有销售，却可以在网上买到，所以在线购买是一个值得探索的方式。

购买值得收藏和陈年的葡萄酒

　　你想举办一场收藏的陈年老酒的品酒派对吗？对于你的钱包来说，葡萄酒收藏并不是一件十分轻松的爱好；但若你置身于收藏市场中，就会发现做好调研十分重要，并且要妥善评估哪些酒是值得花上数年（或者数十年）来珍藏的，哪些酒是需要尽快饮用的。每年生产的葡萄酒中，只有一小部分是适合陈放五年以上的。杂志和在线评论会提供全球主要葡萄酒产地的相关信息，并让我们得以了解哪些葡萄酒是值得收藏的，而哪些又是适于在购买之后立即饮用的。经验丰富的葡萄酒收藏家们有时会购买一整箱葡萄酒，定期（大约为一年一次）打开箱子里的一瓶酒尝一尝。如果这款葡萄酒还是太年轻（单宁过重、偏苦、较涩、有收缩感），那么箱子中其他的葡萄酒就仍需要时间陈年。反过来说，如果这款葡萄酒尝起来十分美妙，令人愉悦，就说明该酒到了适于品尝享用的时候了，剩下的酒应当在接下来的几个月或几年内消费掉。

建议你经常光顾几家葡萄酒商店来采购所有你需要的葡萄酒，争取与店里的员工们熟到能直呼其名。可以与他们讨论你喜欢的或是不喜欢的葡萄酒，讨论你曾品尝过的佐餐佳酿，等。与店员们分享你的经历可以帮助他们确定你究竟喜欢哪一类葡萄酒，也可以根据你的偏好带你感受其他国家生产的新品葡萄酒。与葡萄酒商店之间的和谐关系能够帮助你了解葡萄酒世界发生了什么。

葡萄酒评论家的作用

葡萄酒评论家和评论文章对于葡萄酒产业的影响力令人难以置信。葡萄酒的100分制评级系统（50-100分：50分代表较差，100分为非常出色）影响着葡萄酒购买的格局。通常情况下，得分高的葡萄酒要比得分低的销售得更好，葡萄酒商店通常也会根据葡萄酒评论家们打出的分来提供购买建议。

根据葡萄酒的优点来给出数值式的得分有利有弊。葡萄酒专家和评论家们有着广泛的品酒记录和强大的记忆仓库，这使他们以十分复杂难懂的方式向潜在的消费者们描述葡萄酒。需要记住的是，葡萄酒的味道描述是非常主观的，评论家们对于苦、酸、单宁以及风味的感受程度很有可能与你的并不一样。他们所认为的好酒或许正好与你认为的相反，所以只关注高分葡萄酒并不是派对采购的明智之举。

葡萄决定一切

虽然葡萄酒酿造商的很多决定会对最终的成品酒造成影响，但是所有的葡萄酒最基础的要素都是酿酒葡萄本身，葡萄的质量是最重要的。葡萄园的地理位置与海拔高度，阳光曝晒程度，葡萄藤的种植密度、修剪方式，以及天气情况等，所有因素都会对葡萄在藤上的生长和成熟产生影响。一旦葡萄成熟，它们被从藤上采下，随后被送去酒厂。由此，酿酒师们决定如何来生产葡萄酒。如果没有高质量的葡萄，酒厂里的所有举措都不会给葡萄酒的品质带来任何改善。

美酒保存

在你的品酒派对日子来到之前，无需用昂贵的葡萄酒冷藏装置或葡萄酒冰箱专门来储藏这些葡萄酒，不过有些建议是你应当时刻牢记于心的。

· 卧放葡萄酒，确保软木塞塞好。这一举措可以防止由于软木塞干燥而导致氧气渗入葡萄酒中，从而加速葡萄酒氧化。

· 葡萄酒卧放时酒标朝上。这样可以帮助你对葡萄酒进行检索查找，或是向你的客人们展示葡萄酒，并且可以防止开酒时葡萄酒中的沉淀物重新回到酒中。

· 避免阳光直射。永远不要将葡萄酒展示在窗台或是会长时间受到阳光照射的桌面上。阳光直射会导致葡萄酒腐败，并散发出成熟腐烂的味道（坚果味、焦糖味和醋一般的味道）。阴暗的地下室或壁橱是最好的储藏位置。

· 寻找一个安静、几乎没有震动的地方来储存葡萄酒。存放在水槽或是楼梯下面意味着葡萄酒将会受到不断的震动和晃动，而这些都会给葡萄酒的质量带来长期性的影响。

· 留心环境温度不宜过高或过低，避免温度的极端波动。如果葡萄酒在陈年过程中被放置于一个温度变化幅度较大的地方，那么葡萄酒的"寿命"就会大大缩短，酒也可能会变质。关注湿度：持续潮湿的条件能够使软木塞膨胀，如果温度下降、湿度降低，软木塞就会收缩。泄漏的软木塞总是坏消息，如果葡萄酒能透过软木塞倒出来，意味着氧气也可以由此进入酒瓶。

关于配餐

就像葡萄酒消费者们有时会对究竟哪种葡萄酒口感好而争论不休一样，他们也会就某种食物该配什么葡萄酒展开争论。最常见的葡萄酒配餐法则是："白酒配白肉，红酒配红肉。"这是一个不坏的建议，也并不十分复杂。按照以下方法，下次派对中你就可以更好地享受葡萄酒和美食。

相似的味道，相反的味道

准备食物和配餐用酒的第一步就是发现它们之间相似的味道。烧烤肋骨和胸肉配上强劲的、带有烟熏和胡椒味的红葡萄酒是再好不过了；而一款有着奶油味、橡木味的白葡萄酒则适合用来搭配新鲜的、奶味重的海鲜。另一种选择是采用与菜肴相反味道的葡萄酒。清爽的白葡萄酒适合搭配柔软的奶酪；白酒中坚实的酸味和令人振奋的矿物味能够帮助除去奶酪黏糊糊的、浓郁的口感，让你准备好吃下一口。

记得始终考虑食物的口感和葡萄酒的口感是否协调均衡。沙拉、淡奶酪、薄脆饼干、开胃小菜以及其他清淡食物适宜配上酒体轻盈的葡萄酒，不管是起泡酒、白葡萄酒、红葡萄酒还是甜葡萄酒。口味重的葡萄酒可能会掩盖住清淡食物的滋味，比如寿司或鱼子酱。

地域性

　　如果葡萄酒和食物产自同一个地方，那么它们就可以搭配在一起。用来自相同地区的食物和葡萄酒相搭配，是一个很可靠的法则。由于酿酒葡萄和食材都产生在相同的土壤、气候和空气环境中，那么从逻辑上来说，它们有着相似的品质和密度。比如，相同产地的奶酪和葡萄酒就是完美的搭配。法国白葡萄酒桑塞尔（Sancerre）中清爽的酸度就是缓冲当地出产的Cherignol软质山羊奶酪中浓烈奶味的绝佳葡萄酒。在意大利，帕玛森干酪（Parmigiano-Reggiano）采用牛乳制造，通常会在出售前存放老化一段时间，最终形成的奶酪易碎、偏咸且气味浓郁；蓝布鲁斯科（Lambrusco）则是该地出产的一款独特的红葡萄酒，被归为半起泡酒，即微泡葡萄酒，这两者搭配食用，酒中滑爽的红色果实风味为干燥、易碎的奶酪增添了甜味，微弱的气泡能够帮助清理你的味蕾，让你不再流连于咸味中。如果你曾经去过任何一个欧洲地区，你就一定会发现许许多多的奶酪配酒的例子。

配餐指南

　　以下配餐建议是根据葡萄酒的特征列出的，同时也指出这些特征与食物的关联性。

　　酸度——适合搭配辛辣食物和口味清淡的菜肴。酸味会减弱食物味道和质地感受。

　　单宁——搭配口味较重的菜肴，尤其是与肉类蛋白搭配十分理想。与苦味的食物以及烤过的、烧焦的食物搭配也有着不错的效果。单宁丰富的红酒和鱼类菜肴共食时要注意，单宁和鱼油会产生金属似的令人不愉快的味道。辛辣的食物不要与单宁丰富的红酒搭配食用，因为单宁会突出菜肴中的辛辣，所以重口味的菜肴还是继续使用较轻盈和较柔和的葡萄酒。

甜度——糖分的润滑性能够缓和菜肴中的辛辣和咸味。此外，它还能衬托出食物中的甜味，并削弱其中偏高的酸度。

橡木味——一般来说，橡木味会让葡萄酒呈现出一种更加浓厚的口感。带有橡木味的葡萄酒可以与烤过、带烟熏味和焦糖味、烧焦味的食物搭配，由此配合葡萄酒中存在的苦味。

酒精——不论是白葡萄酒还是红葡萄酒，酒精度高的葡萄酒都会给人带来一种厚重、浓密、醇厚的口感。酒精度较低的葡萄酒配口感清淡的菜肴，而酒精度高的则搭配口味重、料足味浓的食物。

当葡萄酒在橡木桶里陈年时，木头中的味道和单宁与葡萄酒的味道混合在一起，为葡萄酒增添了深度和复杂性。

奶酪配酒

　　葡萄酒与奶酪的搭配是最为经典的食品配饮料搭配之一，这其中有一系列的原因，最重要的是当这两者结合在一起的时候，会出现无数种可能的味道和质感。而最需要记住的就是和谐：葡萄酒中的劲道和力度从不会将奶酪的味道和质感掩盖住，或是抢了它们的风头，反之亦然。葡萄酒和奶酪之间有着以下这些要素，我们来对它们逐一进行分析。此外，记得用上本书所附的"奶酪配酒轮"来帮助你进行选择。

　　质感和强度：轻酒体的葡萄酒口感会更加柔顺，让人感到易入口，就像年轻的美乐酒或者维欧尼酒一样；而像波尔多酒或巴罗洛酒之类，口感更为醇厚、单宁更重，呈现出更加强烈和明晰的质感。当你享用酒体轻盈的葡萄酒时，专注于品尝相对清淡的奶酪，如意大利Crescenza奶酪（一种用牛奶制成的像黄油一样的新鲜干酪，译者注）或丰丁干酪(Fontina)。如果你品尝的是相对强劲有力的葡萄酒，那么就选择醇厚的奶酪，例如法国布里白乳酪(Brie)、卡蒙伯尔软乳酪(Camembert)和切达干酪(Cheddar)。

　　年限：长者优先？有些葡萄酒适合陈放数年，甚至数十年；奶酪的享用时间可没那么长。不过在我们打算用奶酪来配酒的时候，显然还是有一些可以遵循的规律。较新鲜的、才制作不久的奶酪，譬如新鲜的山羊奶酪，适合与年轻、新鲜的葡萄酒搭配享用，如清爽提神的长相思酒。新制奶酪中年轻富有活力的口感和柑橘般的扑鼻气味与年轻葡萄酒中新鲜的水果味和果香相得益彰。与此完全相反的是,一款陈年得当的葡萄酒,其中成熟而复杂的味道能够衬托出浓缩在陈年奶酪中的泥土味和咸味,如曼彻格奶酪(Manchego)和帕玛森干酪(Parmigiano-Reggiano)。

酸度: 葡萄酒中含有苹果酸和酒石酸,而奶酪的基础是牛奶中的乳酸。所以,牢记葡萄酒和奶酪都属于酸性食物,这一点十分重要。灰品乐酒是一款典型的高酸度葡萄酒。它更容易被接受,无论产自何处,都表现得酒体轻盈,带有新鲜柑橘类水果的味道,且余味尖锐,有一种让人嘴巴皱缩的感觉。这种酒适合与低酸度的奶酪搭配食用,如瑞士奶酪(Swiss),葡萄酒中饱满的酸度能够体现奶酪的温和性。另一方面,像维欧尼酒之类的低酸度葡萄酒,有时会显得口感醇厚、肥腻,并带有果味,这种酒适合与酸度偏高、口感较脆爽的奶酪搭配享用,如意大利波罗伏洛干酪(Provolone)和米莫勒奶酪(Mimolette)。

原产地: 正如世界各地会出产无数款不同的葡萄酒一样,奶酪的品种也无穷无尽。想探索葡萄酒和奶酪的组合,不妨从选择相同国家或地区出产的品种开始。确保制作这二者的原料牛奶和酿酒葡萄来自气候相似的地区,这是搭配的基本原则,因为这些原料的气味、味道和力度上有了一些相似的特性。如果你想选择的奶酪来自于一个不太容易出产葡萄酒的国家,那就考虑该奶酪出产地区的气候,并根据这个气候特征来挑选葡萄酒。

为一场奶酪配酒的酒会挑选奶酪

当你筹划一场奶酪配酒的派对时，弄清参加者的人数十分重要。平均来说，如果奶酪是一次漫长套餐的一部分，57~85克（2~3盎司）是正常的提供分量。如果葡萄酒和奶酪是这场聚会关注的核心，那你就应该为每位客人提供85~170克（3~6盎司）不等的奶酪。为客人们提供多个品种以供选择，如陈年奶酪和新制奶酪，或是清淡奶酪和浓郁奶酪。此外，你还应当考虑到所提供的奶酪外观是什么样的。有些奶酪呈圆盘形，而其他的一些则被制成楔形或金字塔形。由于制作方式的不同，奶酪呈现出了各种不同的颜色。若希望能向客人们展示色彩斑斓、美味诱人的奶酪品种，要同时考虑不同形状和颜色的奶酪。你也可以根据不同动物的原料来品尝奶酪，比如牛奶奶酪、绵羊奶奶酪和山羊奶奶酪，开展系列奶酪配酒品尝活动。

奶味十足、香醇浓郁的奶酪是衬托葡萄酒中单宁和酸度的完美伴侣。

在奶酪配酒派对中还可以准备一些其他材料，包括面包、时令水果、干果、坚果、芥末、蜂蜜、酸辣酱和橄榄。

最后的话

　　人们因葡萄酒而聚，它让人们或笑，或乐，或唱，或跳。在你为下一次品酒派对做准备时，请牢记以下这些。别为你挑选的葡萄酒质量如何而纠结，而是想想这场品酒会能给你的客人们带来怎样的影响。一场葡萄酒品鉴会不仅仅是一次关于葡萄酒的聚会，更是一份简单的快乐，是参与其中的人们一起拼凑而成的记忆。

　　举办品酒派对是一件很美妙的事情，其原因在于你可以选择任何时间、任何地点。无论是后院里一次简简单单的户外小聚，还是用上你最好的瓷器和高脚杯，在家里的餐厅中组织一场正式的活动，这些都由你决定。此外，品酒派对的形式也是多种多样的。若你力求为大家创造持久的记忆，想象力便是你最好的朋友。跳出常规来思考，想想音乐、艺术、食物、服饰——你中意的任何东西都可以在品酒派对中加以运用。

　　葡萄酒是一个见仁见智的话题。想让品酒会上的每一个人都喜欢同一款酒是一件几乎不可能的事情。所以，如果有些你觉得不错的葡萄酒没能得到它们应有的赞誉，别气馁。除此之外，过去你曾经很喜欢一款葡萄酒，当你下次再度品尝它时，或许味道就不太一样。也许是酿酒师们在最近的年份里改变了添入酒中的混合物，抑或是与你上次品尝时相比，酿酒葡萄种植的环境和湿度发生了变化。不管是因为什么，你对葡萄酒的期待与客人们享用的感受并不完全一样。千万别因此就灰心丧气！现在，让我们举起酒杯，一起感受奇妙未知的葡萄酒世界吧！干杯！

附录 I: 主要酿酒葡萄品种

全世界种植的酿酒葡萄品种超过了15 000种。不过，为了能更加悠然自得地挑选和享受葡萄酒，你只要了解其中的一些主要品种就好。

白葡萄品种

霞多丽（Chardonnay）

代表产地：法国香槟(Champagne)、勃艮第(Burgundy)；美国加利福尼亚州；澳大利亚

风味特征：苹果味，梨味，药草味，西柚味，柠檬味，甜瓜味

霞多丽的种植范围遍布全球，也因此酿出了许多口味平淡、毫无特色的葡萄酒。不过，不论它产自何处，如果在种植时能加以精心照料，霞多丽酒足以成为世界上最优秀的白葡萄酒。霞多丽也是酿造起泡酒最重要的葡萄品种之一。

琼瑶浆（Gewürztraminer）

代表产地：德国；法国；奥地利；意大利；美国加利福尼亚州

风味特征：玫瑰花瓣味，荔枝味，亚洲香料味，丁香味，肉豆蔻味

作为所有酿酒葡萄中最难读的一种，琼瑶浆被认为是比较芳香的白葡萄品种之一。琼瑶浆起源于意大利北部的卡文镇(Tramin)，通常推荐与亚洲风格的菜肴搭配饮用。它的名字源于德语中的gewürz，意为"加了香料的"。由于这种葡萄的果皮呈深黄色和粉色，所以由它生产出的葡萄酒通常要比其他大部分白葡萄酒的色泽更加深沉，并带有金黄色葡萄干和桃子的香气。

麝香葡萄（Muscat/Moscato）

代表产地：法国；意大利；美国加利福尼亚州

风味特征：金银花香，接骨木花香，桃子味，梨子味

麝香葡萄的家族遍布全世界，但代表性的香气和口味却是它们的共同点。不论是甜如糖浆的葡萄酒，还是口感轻盈的起泡酒，麝香葡萄都是世界上酿造甜酒的不二之选。

种植于意大利皮埃蒙特地区的麝香葡萄。

灰品乐（Pinot Gris/Pinot Grigio）

代表产地：意大利；法国；美国俄勒冈州；匈牙利；罗马尼亚

风味特征：柠檬味，酸橙味，药草味，辛辣味；明快

由灰品乐酿成的酒坚实，有燧石味，口感清爽。如果产量过大，酿出的葡萄酒将会酸度异常，口感失调。灰品乐酒已然成为意大利酒单中的常见酒品，遍布葡萄酒商店；在美国，它也是人们在饭店用餐时饮用频率排名第二的葡萄酒。灰品乐葡萄呈灰色和淡粉色，有的生产商在酿造时会延长浸皮时间，从而使得葡萄酒中带有粉色和金属铜的颜色，意大利人称其为"ramato"，意为"铜"。

雷司令（Riesling）

代表产地：德国；法国；澳大利亚；奥地利

风味特征：辛辣味，橘子味，汽油味，羊毛脂味，杏仁味

雷司令是"冷气候"葡萄的代表。追捧者对它的酸度大为赞赏。即使葡萄酒中带有残糖，清晰的特质和活泼的口感依旧能使之与大多数食物都完美契合。雷司令葡萄原产德国，已经拥有2 000年以上的栽培种植历史。

长相思（Sauvignon Blanc）

代表产地：法国卢瓦尔谷(Loire Valley)；新西兰；澳大利亚；美国加利福尼亚州

风味特征：猕猴桃味，热带水果味，药草味，刚修剪过的青草味，哈乐佩纽辣椒味（一种极辣的墨西哥青辣椒，译者注），燧石味，烟熏味

长相思也被称作白芙美(Fumé Blanc)，暗示着该款白葡萄酒里通常会出现烟熏味和燧石味。白芙美这个名字是由罗伯特·蒙达维(Robert Mondavi)创造的，来源于法国产地或葡萄种植地普伊·芙美(Pouilly-Fumé)，在这里长相思葡萄占有统治地位。在欧洲，长相思酒一般更加轻盈、更加清新，带有新鲜净爽的口味。在新西兰和澳大利亚，长相思酒相对偏醇厚、酒体重，带有更多的果味，香气也更为馥郁。

种植于法国波尔多的赤霞珠葡萄。

红葡萄品种

品丽珠（Cabernet Franc）

代表产地：法国卢瓦尔河谷、波尔多；美国加利福尼亚州

风味特征：樱桃味，药草味，蔬菜味，香料味

被认为是较为常见的葡萄品种赤霞珠的亲本之一。品丽珠葡萄的种植范围遍布全球，以产自凉爽气候地区的为最佳。因为在气候凉爽的地区，该葡萄品种能够在秋季晚熟。如果采摘时果实尚未成熟，酿出的葡萄酒将带有一种类似于"灯笼椒"的味道和口味。法国卢瓦尔河谷出产的品丽珠最为上乘，尤其是希农产区(Chinon)；在波尔多，品丽珠亦是主要的葡萄品种，常与赤霞珠、美乐混合酿酒。

赤霞珠（Cabernet Sauvignon）

代表产地：法国波尔多；澳大利亚；美国加利福尼亚州；意大利；西班牙以及南美地区

风味特征：黑醋栗味，李子味，黑莓味，桉树味

正是赤霞珠这一品种让美国加利福尼亚州的红葡萄酒在世界葡萄酒版图上占有了一席之地，同时它也是纳帕谷(Napa Valley)和索诺玛山谷(Sonoma Valley)最值得骄傲、获利颇丰的葡萄品种。它也是法国波尔多左岸最主要的栽培品种。作为世界上最受欢迎的红葡萄酒，在每一个可能成为葡萄酒生产国的地方，都生长着赤霞珠葡萄。

歌海娜（Grenache/Garnacha）

代表产地：西班牙；法国；意大利；澳大利亚；美国加利福尼亚州

风味特征：黑莓味，李子味，甘草味，皮革味，焦油味，香料味

歌海娜葡萄适于生长在气候条件干热的地区。此品种根系结构非常强壮，能够抵御周期性的大风，因而可以在多风地带生长。歌海娜果实中天然的高糖分能够转化为葡萄酒中的高酒精度，在单宁的作用下通常十分强劲，回味无穷。在西班牙，歌海娜是种植范围最广的红葡萄品种，同时在世界上其他一些高热种植区也被广泛栽培。在法国，它主要种植在南部地区，与西拉混合酿制罗讷河谷(Rhône Valley)闻名遐迩、值得陈年的葡萄酒。

马贝克（Malbec）

代表产地：法国；阿根廷；意大利；美国加利福尼亚州

风味特征：黑莓味，薄荷味，黑橄榄味，太妃糖味，蓝莓味

该品种种植范围遍布法国，尤其是波尔多、卢瓦尔河谷产区和卡奥尔(Cahors)，酿成的酒颜色深重，质感稠密，单宁强烈。在阿根廷的山谷和平原地区，马贝克已然成为最受欢迎的葡萄品种。阿根廷式马贝克酒通常单宁更为柔滑，有着多汁和成熟果实风味。

美乐（Merlot）

代表产地：法国波尔多；美国加利福尼亚州、华盛顿州；意大利

风味特征：李子味，黑莓味，醋栗味，药草味，薄荷味

在法国波尔多广泛种植，通常作为葡萄酒着色和充实酒体的调配品种。在潮湿的土壤中长势较好，能够酿造出口感亲和、颜色醇厚、果味浓郁的葡萄酒。

内比奥罗（Nebbioio）

代表产地：意大利皮埃蒙特(Piedmont)

风味特征：蔓越莓味，蘑菇味，药草味，太妃糖味，松露味，紫罗兰味

品种名取自意大利语中的nebbia，意思是"雾"，指通常弥漫在皮埃蒙特山谷地区的雾气。该品种富含单宁，酸度饱满，能够酿造出意大利最珍贵、也是最值得珍藏的葡萄酒。用内比奥罗葡萄酿出的酒年轻时色泽透亮，口感极其强劲，单宁丰富，回味悠长。随着时间的积累，它逐渐呈现出松露、蘑菇、干果和牛皮这些复杂到令人难以置信的香气和味道。

黑品乐（Pinot Noir）

代表产地：法国勃艮第；美国俄勒冈州；新西兰

口味特征：蘑菇味，覆盆子味，紫罗兰味，薰衣草味，野生鸟兽味，无花果干味，西梅脯味

黑品乐是世界上最难种植的酿酒葡萄品种之一。它需要在漫长的凉爽气候中生长，葡萄皮薄，容易发生腐烂，感染病害。黑品乐酿成的酒颜色大都浅淡，劲道十足，复杂多样。年轻的黑品乐酒通常展现出带有樱桃、李子和蔓越莓香气的水果味，陈年时间较长的酒则呈现出更多的泥土味，以及蘑菇、皮革和烟草的气息。黑品乐酒的追捧者会用其一生的时间（以及财富）来吹毛求疵，探索法国勃艮第产区不同葡萄园之间的细微差别。在勃艮第，这种葡萄用来生产红葡萄酒。虽然在全球范围内，黑品乐总能生产出优质葡萄酒，但勃艮第出产的黑品乐酒却是所有其他地区用来对比的参照。在法国的香槟以及世界其他地方，黑品乐还用来酿制起泡酒。

右页：种植于意大利皮埃蒙特地区的内比奥罗葡萄。

桑娇维塞（Sangiovese）

代表产地：意大利；美国加利福尼亚州

风味特征：皮革味，焦油味，樱桃味，蔓越莓味

桑娇维塞是意大利中部种植的主要酿酒葡萄品种，特别是在基安蒂（Chianti）和蒙达奇诺（Montalcino），在后者它被指作布鲁奈罗（Brunello）。大部分桑娇维塞酒需要早期饮用，但有些酒却需要数十年时间来陈年，尤其是蒙达奇诺出产的酒。意大利桑娇维塞葡萄的成功也促进了该品种在美国加利福尼亚和南非的推广种植。

西拉（Syrah）

代表产地：法国；澳大利亚；美国加利福尼亚州

风味特征：焦油味，香料味，黑莓味，醋栗味，李子味，雪茄盒味，烟草味

也称作设拉子（Shiraz）。该品种能够酿造出最强劲和醇厚的葡萄酒。果皮较厚且富含色素，能够转化成饱满的重酒体，酒味浓郁。在法国，该品种遍布罗讷河谷，是许多顶级产区的主要葡萄品种，包括科尔纳斯（Cornas）、罗第（Côte-Rôtie）和教皇新堡（Châteauneuf-du-pape）。在澳大利亚，西拉是巴罗萨谷（Barossa Valley）出产的顶级葡萄酒的原料。由西拉葡萄酿出的酒浓密，强劲，酒体大，富有结构，有刺激性果实风味。

添普兰尼诺（Tempranillo）

代表产地：西班牙；阿根廷

风味特征：草莓味，香料味，烟草味，玫瑰花味，丁香味

西班牙最重要的酿酒葡萄品种，其种植范围遍布西班牙全境，是西班牙国内主要产地的优势品种，包括里奥哈（Rioja）和杜罗河岸（Ribera del Duero）。由添普兰尼诺酿成的葡萄酒在年轻时美味多汁，随着时间的积淀逐渐陈酿出干果和香料的香气。

仙粉黛（Zinfandel）

代表产地：美国加利福尼亚州；南非；澳大利亚；意大利

风味特征：茴香味，香料味，黑莓味，李子味，葡萄干味，无花果干味

被认为是美国最主要的酿酒葡萄品种，有部分原因是其他国家没有如此广泛面积的仙粉黛葡萄园。该品种在气候干热地区长势良好。由仙粉黛酿制的葡萄酒酒体饱满，酒精度高，但由于坚实的单宁在其中调和，总体仍然保持均衡。该品种被证实与意大利南部地区的普里米蒂沃（Primitivo）基本是同一品种。

种植于美国加利福尼亚州亚玛多的仙粉黛葡萄。

附录 II: 葡萄酒术语

酸 (Acid) ——葡萄酒的一种味道，使葡萄酒生动鲜活。

酸的 (Acidic) ——用于描述酸水平高的葡萄酒，这种葡萄酒通常辛酸锋利。

曝气 (Aerating) ——将葡萄酒暴露在氧气中的举动，以释放酒中的香气和风味。旋转酒杯中的葡萄酒或将酒倒入滗酒器都是曝气的主要方式。

产区 (Appellation) ——葡萄种植的限定区域，在此区域中酿酒师必须遵从特定的法规和条例。每个主要葡萄酒生产国都有其产区分级系统，有助于所生产葡萄酒的区分和评级。产区制度确保标示特定产区的葡萄酒是来自该地区，并遵循地区内相关规定。

香气 (Aroma) ——葡萄酒的芳香气味。

简朴的 (Austere) ——描述葡萄酒含干涩单宁和高酸度，缺乏酒体和圆润感。

平衡 (Balance) ——描述葡萄酒某些特性比例适当，通常指酒精度、单宁、酸度、果味和苦味。

大 (Big) ——描述葡萄酒具有力度、色彩、果香和（或）高酒精含量。

混合 (Blending) ——酿酒操作，使用多种葡萄酒混合成期望中的成品酒。在混合前，各个品种的葡萄是分别采摘和发酵的。

酒体（Body）——描述葡萄酒颜色和质地。经常用到的是：酒体轻盈、酒体中等和酒体丰满。

酒香（Bouquet）——葡萄酒所散发出的总体气味。

通气（Breathe）——将葡萄酒暴露在空气中，使其变得更易饮。如果没有氧气，酒会变得凝滞呆板。

耐嚼（Chewy）——描述葡萄酒含有强有力的单宁，口感紧涩。

闭塞的（Closed）——描述年轻、未成熟的红葡萄酒，几乎没有香气和风味。有时通气可以改善该状态。

朦胧的（Cloudy）——描述葡萄酒看上去阴暗模糊。这种状态有时候是酿酒师的失误造成的；有时候是因为没有过滤。

复杂的（Complex）——葡萄酒在优雅、丰富、酒精、酸度、平衡和香味等方面结合得很好。

酒塞味（Corked）——受软木塞气味影响的葡萄酒，香气沉闷，有类似霉味。

脆爽的（Crisp）——形容葡萄酒轻盈、尖利、清新和清爽。

滗析（Decanting）——将酒瓶中的葡萄酒倒入另一个瓶或容器中，以分离陈年过程中产生的沉淀物，或帮助葡萄酒透气。

干型（Dry）——描述葡萄酒品尝不出糖的风味或甜味。如葡萄汁中的所有糖分全都发酵为酒精，那就一定是干型酒，无论它是否品尝起来有水果或果汁的味道。

泥土味（Earthy）——让人联想到潮湿泥土的芳香气味。通常是葡萄酒好的特质，但如果过量了就会起消极作用。

优雅的（Elegant）——葡萄酒精致、平衡、有吸引力的特质。

精粹（Extract）——描述葡萄酒丰富、有深度、浓缩和具水果风味的优良特质。高度精粹的葡萄酒通常浓郁且酒体丰满。

超干型（Extra dry）——描述起泡酒呈半干型至微甜型，略有误导性。

回味（Finish）——品酒后在口腔内残留萦绕的味道。高质量的葡萄酒回味悠长而复杂。

松弛（Flabby）——描述葡萄酒缺少酸度，过度丰满厚重。

平淡（Flat）——描述葡萄酒味道寡淡、缺少酸度和结构。也用来描述失去碳酸的起泡酒。

肉质感（Fleshy）——描述葡萄酒质地、浓缩性和单宁达到平衡，品尝起来如同咬了一口熟透的苹果、李子或其他水果的感觉。

燧石味（Flinty）——描述燧石敲击石块或钢铁产生的香气或气味。通常用来描述来自石灰岩和富含砾石土壤的白葡萄酒。

果味（Fruity）——描述葡萄酒带有水果香气，如苹果、桃、梨、李子和樱桃。

酒体丰满（Full-bodied）——描述葡萄酒的颜色和风味浓郁、华丽和深厚。

草香（Grassy）——描述散发着新鲜青草香味的葡萄酒，典型的如长相思酒。

模糊（Hazy）——描述葡萄酒因缺乏澄清或过滤过程而显得不够清澈。

香草味（Herbaceous）——描述葡萄酒带有香草的香气，如牛至、迷迭香、罗勒或薄荷。是葡萄酒的优点。如果这种味道过于强烈、刺激，就描述为"植物味（Vegetal）"。

亮度（Intensity）——是指葡萄酒的颜色浓度。柔和轻型酒是说葡萄酒的亮度比较淡，深色和晦暗型酒则是指葡萄酒的亮度比较深。

酒体轻盈（Light-bodied）——描述葡萄酒轻盈、柔和易饮，果味、风味和酒精度等都不够厚重。

成熟（Mature）——描述完美陈化的葡萄酒，酒的年份既不长也不短，展现出平衡的香气和风味。

肉味（Meaty）——葡萄酒展现出美味的肉、培根、牛皮和皮革香气和风味。

口感（Mouthfeel）——口腔中对葡萄酒质地和风味的感受。影响葡萄酒口感的因素有酸度、酒精、单宁、苦味和糖分。描述口感的常用术语有粗糙、柔和、强劲、丝滑和光滑。

新世界（New World）——欧洲之外酿制葡萄酒的国家，一般来讲，其葡萄酒文化比欧洲国家更为年轻。美国、澳大利亚、新西兰、南非、阿根廷和智利是新世界国家的代表。"新世界"亦可以用来描述采用超现代葡萄酒酿造技术生产的葡萄酒，这些葡萄酒高度精粹。不过，这一描述尚不明确，因为并不是所有新世界国家的生产商们都使用这种方式来酿造葡萄酒。

气味（Nose）——葡萄酒香气的总称。

坚果味（Nutty）——葡萄酒展现出坚果的香气和风味，包括杏仁、核桃、花生等。

橡木味（Oaky）——橡木桶带给葡萄酒的香气和风味。这种味道十分独特，因橡木桶产地的不同而各有差异，不过也有一些味道相对普遍，如烤面包味、烟熏味、焦糖味、小茴香味、椰子味、焦煳味、灼烧味、木材味、木头味或树林味。

半干型（Off-dry）——表示葡萄酒有最轻微甜度。

旧世界（Old World）——指欧洲葡萄酒国家，一般来讲其葡萄酒文化比其他葡萄酒生产国家更悠久。法国、西班牙、意大利、德国、奥地利和葡萄牙是旧世界国家的代表。"旧世界"同样也指精粹度低、采用传统葡萄酒酿造方式生产的葡萄酒。这一描述尚不明确，因为并不是所有旧世界国家的生产商们都使用这种方式来酿造葡萄酒。

氧化（Oxidized）——指在空气中暴露很长时间的葡萄酒。颜色通常为棕色，闻起来有坚果和潮湿水果味。又称"雪利酒一般"或"马德拉"。

胡椒味（Peppery）——葡萄酒呈现出香料的风味和香气。

原生酒（Racy）——描述酒体轻盈、酸度高的葡萄酒。

葡萄干味（Raisiny）——描述葡萄酒带有梅干、枣或其他干果的香味和风味。

醇美（Ripe）——描述葡萄酒具有美味、成熟水果的风味和香气。

健壮（Robust）——描述葡萄酒圆润、强劲有力。

圆润（Round）——描述葡萄酒柔滑、有着平衡得很好的天鹅绒般的质地。

粗糙（Rough）——描述葡萄酒因富含单宁而显得口感糙杂。

烟熏味（Smoky）——描述葡萄酒带有烟熏的香气和风味。通常来自葡萄种植的土壤或酿制葡萄酒使用的橡木桶。

香料味（Spicy）——描述葡萄酒带有香料或胡椒味道。

果梗味（Stemmy）——描述葡萄酒带有苦味、植物味和干涩质地，通常是在浸渍过程中与果梗、果皮的接触时间延长导致。也称作"茎味"。

柔顺的（Supple）——描述葡萄酒在各个令人愉悦的特质方面平衡得很好，如成熟水果风味和柔和、天鹅绒般的单宁。

餐酒（Table wine）——酒精度在 7%~14% 的静止葡萄酒的总称。

单宁（Tannin）——葡萄皮、果茎和果蒂中存在的物质。发酵前，果汁浸渍果皮，单宁就会进入成品酒。单宁会使双颊与牙龈间有收敛和黏稠感。

瘦弱（Thin）——描述葡萄酒缺少酒体和结构感。

烤面包味（Toasty）——描述葡萄酒带有脆爽烤面包和面包糠的香气和风味。这是酒在橡木桶中陈化形成的，特别是那种制桶时壁板经过烘烤的橡木桶。

香草味（Vanilla）——葡萄酒展现出香草和奶油的香气和风味。缘于在橡木桶，特别是法国橡木桶中陈化。

单一品种酒（Varietal）——仅由一种葡萄酿制而成的葡萄酒。

品种（Variety）——葡萄某个种内的一个类型。

植物味（Vegetal）——描述葡萄酒带有青草和泥土的香气和风味。

丝绒般的（Velvety）——描述葡萄酒丝质顺滑，单宁和酸的含量低。

附录 Ⅲ：葡萄酒香气轮

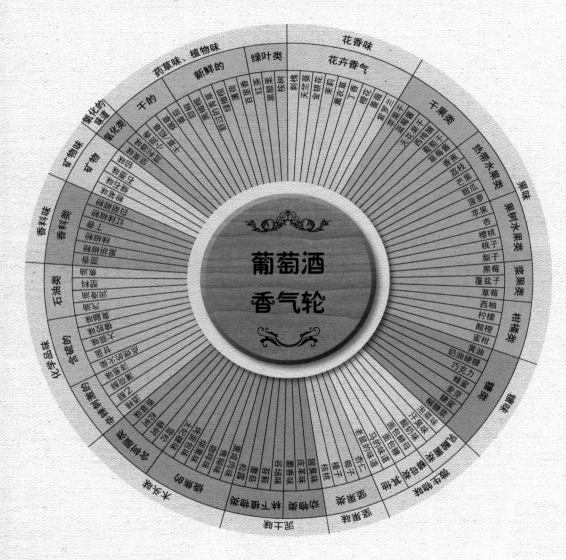

附录 Ⅳ: 奶酪类型

蓝纹奶酪　戈根索拉干酪、洛克福羊乳干酪、史第其顿奶酪

含奶油的蓝纹奶酪　球衣奶酪、落鸠河奶酪

清淡的蓝纹奶酪　蓝衣夫人奶酪、斯蒂尔顿奶酪

软质半成熟乳酪　布里白乳酪、卡蒙伯尔乳酪、查尔斯奶酪

自然皮奶酪　沙比舒奶酪、哥洛亭达沙维翁奶酪、卢瓦尔天然山羊奶酪

洗皮奶酪　曼斯特奶酪、塔雷吉欧奶酪

洗皮硬奶酪　快乐里奇珍藏奶酪、瓦尔巴格那奶酪

柔和的山奶酪　莫比尔奶酪、佛蒙特牧羊人奶酪

新鲜、略硬的奶酪　花冠奶酪、法隆塞奶酪

清淡的硬奶酪　阿邦当斯奶酪、多丁顿奶酪

半硬奶酪　康塔尔奶酪、高达奶酪

清淡的半硬奶酪　丰丁干酪、萨瓦多姆奶酪

硬奶酪　陈年高达奶酪、哥瑞纳・帕达诺干奶酪、格吕耶莱奶酪、佩克里诺绵羊干酪

软质成熟奶酪　珍珠奶酪、彭勒维克奶酪

三层奶酪　软皮奶油奶酪、布里亚・萨瓦兰奶酪

带咸味的硬乳酪　曼彻格奶酪、意大利白胡椒奶酪

口味浓郁、醇厚的奶酪　瑞士弗斯特凯斯无孔奶酪、斯朋伍德奶酪

山羊奶酪　加州洪堡郡山羊奶酪、伊波瑞斯奶酪

硬牛乳奶酪　阿本赛尔奶酪、切达干酪、帕玛森乳酪

硬绵羊奶酪　伯克斯韦尔奶酪、托斯卡诺乳酪

硬山羊奶酪　帕西勒奶酪、雷德蒙德奶酪

附录 V：奶酪配酒轮

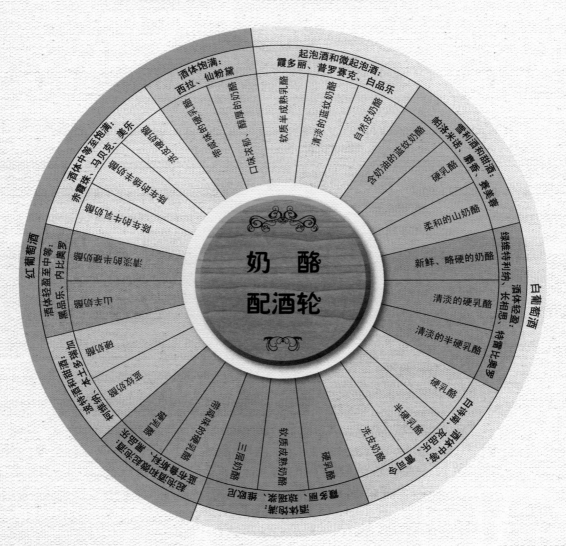

附录 VI: 品酒记录页

品 酒 记 录

酒瓶编号	品尝者姓名	原产地
国家	生产者/酿酒厂	葡萄品种
酿制年份	价格	酒精浓度

外观 在下方圈出你的选择
总体： 清晰 中等 浑浊 朦胧
颜色：

红葡萄酒： 紫色 红宝石色 石榴红色
　　　　　 褐红色 棕色
白葡萄酒： 无色透明 淡绿色 稻草黄色
　　　　　 黄色 金色

味道 在下方圈出你的选择
甜度： 干型 半干型 半甜型 甜
酒体： 轻盈 半饱满 饱满
味道与气味一致吗？ 是 否
若为否，是什么味道？ ＿＿＿＿＿＿

橡木味： 无 有一些 许多
结构/酸度： 果味 中等 酸味尖锐
单宁： 低 中等 高

酒香/气味 在下方圈出你的选择
果味类型：＿＿＿＿＿＿＿＿＿＿＿

非果味： 花香 香料味 药草味
　　　　 泥土味 矿物味 其他
其他味道?请说明：＿＿＿＿＿＿＿

评价 在下方圈出你的选择
按照1～10给该款葡萄酒打分
1 2 3 4 5 6 7 8 9 10

附笔： ＿＿＿＿＿＿＿＿＿＿＿＿

图片来源

Thinkstock: 封面, 亚麻底纹以及木纹理装饰, pp. 4–7, 9, 10–13, 15, 16, 25, 29, 30–33, 41, 43, 46, 48, 51, 53, 55, 57 (插图), 65, 69, 71, 73, 75, 77, 79

丹·阿麦都兹: pp. 8, 23, 27, 35, 38, 59

来自W.J. Deutsch & Sons的肯·珀尔曼: pp.17–18, 20, 22

艾格尼酒庄: pp. 19, 21

马西酒庄: p. 37

特雷西·巴赫曼: pp. 56, 57(主图), 80

暗星进口商: p. 44

菲思蝶酒庄: p. 61

飞龙世家酒庄: p. 63

毛里齐奥·马里诺, Faceboard Foundation: p. 67

作者简介

　　丹·阿麦都兹(Dan Amatuzzi)，世界著名美食中心Eataly酒水总监，同时在Eataly培训中心La Scuola教授葡萄酒课程。2011年，他入选美国权威美食评选Zagat决出的"30岁以下餐饮界明星30人"；2013年，再次入选福布斯评出的"30岁以下美食与葡萄酒专家30人"。他拥有纽约大学商学院MBA学位，目前居住在曼哈顿。他的个人网站www.wineforthestudent.com，是以葡萄酒教育为基础的网站，内容涵盖了地区葡萄品种介绍、酿酒师访谈、佐餐建议以及葡萄酒推荐。此外，他还担任纽约大学文化教育学院兼职教授，并撰写了《葡萄酒的第一堂课》一书。